少年读中国科技

走向未来的
中国核动力

黎 为◎著　　张校维　陈思敏◎绘

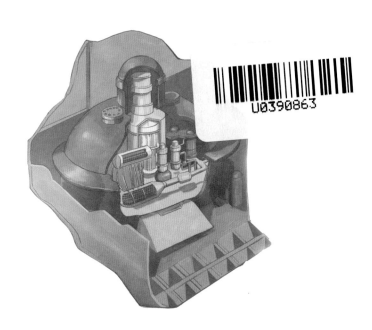

北京科学技术出版社
100层童书馆

图书在版编目（CIP）数据

走向未来的中国核动力 / 黎为著；张校维、陈思敏绘 . —— 北京：北京科学技术出版社，2024. —— ISBN 978-7-5714-4157-9

Ⅰ . TL99-49

中国国家版本馆 CIP 数据核字第 2024LG8127 号

策划编辑：刘婧文　李尧涵
责任编辑：刘婧文
封面设计：沈学成
图文制作：天露霖文化
责任印刷：李　茗
出 版 人：曾庆宇
出版发行：北京科学技术出版社
社　　址：北京西直门南大街 16 号
邮政编码：100035
电　　话：0086-10-66135495（总编室）
　　　　　0086-10-66113227（发行部）
网　　址：www.bkydw.cn
印　　刷：雅迪云印（天津）科技有限公司
开　　本：889 mm × 1194 mm　1/32
字　　数：32 千字
印　　张：2.5
版　　次：2024 年 11 月第 1 版
印　　次：2024 年 11 月第 1 次印刷
ISBN 978-7-5714-4157-9

定　　价：32.00 元

1

核电厂的夜晚

这是一个美丽的小镇。夜晚，这里万家灯火通明，在群山与海岸线的环绕之下，仿佛一颗光彩夺目的夜明珠。

灯火的背后，长长的电缆默默地为家家户户源源不断地输送着电力。**那电是从哪里来的呢?**

嘘……一会儿你就知道答案了。

　　只见深沉的夜色中，一辆大巴车驶过了小镇的公路，向着大海的方向驶去。海边，有一座同样灯火通明的电厂，在不知疲倦地运行着。

大巴停稳后，从车上陆续走下来二十几位身穿制服、头戴安全帽的人。

　　来到这里，一座巨大的圆顶建筑立刻映入眼帘，仿佛一个巨大的、倒扣下来的半球体。

　　原来，这是一座核电厂。它将核能转化成电能，为不夜城源源不断地输送着电力。

这座核电厂有 1000 个足球场那么大，由三大部分——核岛、常规岛与配套设施组成。核岛利用核能生产蒸汽，常规岛利用蒸汽生产电能，最后通过电缆将电能输送出去。当然，这里还有配电房、办公区和生活区等配套设施。

刚刚那座半球体一样的建筑就是核岛里的反应堆厂房。看着可真酷呀！

从大巴下来的人是谁呢？

别担心，他们是工作人员，是今晚负责保证核电厂正常工作的运行班组。

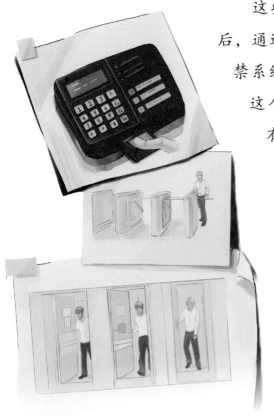

这些工作人员进入核电厂后，通过了四个设有密码的门禁系统，才进入主控制室。这个房间十分明亮，里面有许多屏幕、仪表和指示灯。

主控操作员何叔叔负责核岛的安全运行。他和几位同事正全神贯注地盯着显示屏上的数据，随时关注蒸汽发生器的水位和核反应堆的运行状态。

此时此刻，核反应堆水池中安放了5万多根燃料棒，组成百余盒燃料组件，每盒能有3米多高。一般来说，这里的燃料组件盒不少于150盒，

不多于 180 盒。每盒燃料组件的骨架上都固定了约 300 根燃料棒。

在这样的反应堆中，**链式核裂变反应正在发生**，能量源源不断地产生。

要监控这样的核反应过程，可不能出任何差错！操作员与其他工作人员沟通时，每条信息都要经过发送、复述和确认三个步骤，这就是所谓的"三向交流"。

什么是原子？

原子是一种微粒，也是化学反应中的最小单元。世界上所有的物质都由原子构成，而原子则是由一个致密的原子核和围绕在原子核四周的电子组成。其中，原子核又由质子和中子组成。

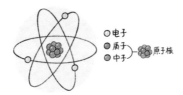

什么是核能？

核能是原子核内蕴藏的能量。原子核在分裂时，会释放出大量能量。

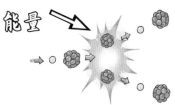

核裂变

核裂变是指一个质量较大的原子核**分裂**成两个或更多质量较小的原子核，同时释放巨大能量的过程。

核聚变

核聚变则相反，是指较轻的原子核**结合**形成较重原子核的过程。在这个过程中也会释放出巨大能量。不过目前核聚变的反应控制还很困难，相关技术尚不成熟。

什么是链式反应？

要想诱发核裂变，需要人为提供一个"扳机"，让原子核的状态变得不稳定，进而发生裂变。这个"扳机"就是中子。

中子

铀-235

当一个原子核吸收一个中子发生裂变后，会释放出中子。释放出的中子可以继续引起其他原子核发生新的裂变。

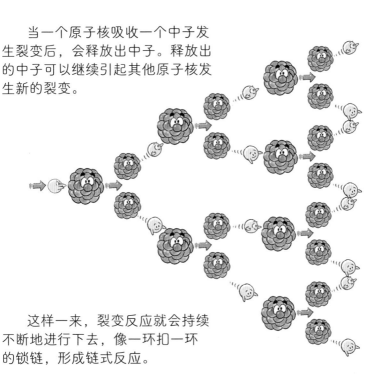

这样一来，裂变反应就会持续不断地进行下去，像一环扣一环的锁链，形成链式反应。

核裂变的过程会释放出大量能量，一座核反应堆就仿佛一座大"锅炉"。为了确保反应堆内维持稳定的功率，不能让温度无限制地上升。这座核电站采用的是全世界大多数核电厂使用的**压水堆技术**，顾名思义，这种技术利用高压水来冷却反应堆中的核燃料。

此外，在我国目前建成和在建的核电机组中，秦山三期核电厂采用重水堆技术。第四代核电站的代表山东石岛湾核电厂采用的则是高温气冷堆技术，它具有更好的安全性和经济竞争力，核废物量少，可有效防止核扩散，引领了核能产业的发展趋势。

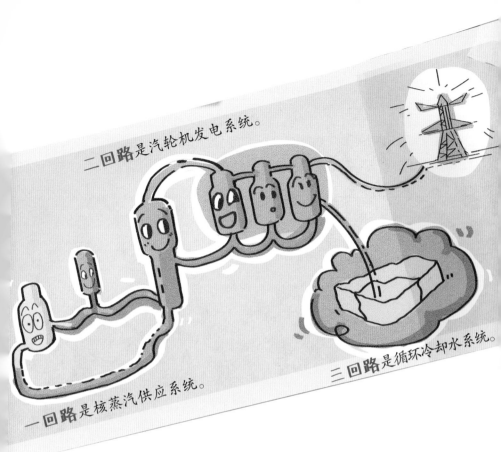

二回路是汽轮机发电系统。

三回路是循环冷却水系统。

一回路是核蒸汽供应系统。

　　压水堆核电厂中的热力传输系统分成了三个回路。三个回路中都充满了水，但水发挥着不同的作用。

　　一回路位于核岛内，是核蒸汽供应系统，这里的水负责带出核裂变产生的热量，并传递给二回路；二回路位于常规岛内，是汽轮机发电系统，在这里，水被加热后变成水蒸气，通过汽轮机叶片时，热能转化为机械能，驱动汽轮发电机发电；三回路是循环冷却水系统，负责将二回路的水蒸气降温，使它们重新凝结成水。

四大件

安全帽

辐射测量表

手电筒

巡检仪

该巡检了，负责巡检工作的是现场操作员全叔叔。他办好了工作许可证，穿上白色连体防护服和工作鞋，戴上头套，再带上**"四大件"**，全副武装地进入厂房内的辐射控制区，准备给设备做例行"体检"。要知道，厂房内辐射剂量最大的地方就是控制区，工作人员必须注意防护！这里也是管理最严格的地方，不仅要求进入的人员有工作许可证、防护服等齐全的装备，对停留时间也有严格的限制！

考考你，为什么刚刚主控操作员何叔叔不需要穿防护服呢？其实，虽然运行中的反应堆厂房中有强烈辐射，但相隔 50 米远的主控制室并不会受到电离辐射，操作员只需穿着普通工作服就可以啦。

　　核电厂实行24小时在线"体检"制度——现场操作员每班会分三次深入各厂房区域，进行巡视和检查。全叔叔为设备做"体检"已经很熟练啦。他听一听风机的响声，就能辨别设备是否在正常运行。

　　一小时后，全叔叔完成了机组设备与厂房的巡检。在离开之前，他还要进行辐射剂量检测。虽然电离辐射看不见摸不着，但能量较高，超过一定剂量就会对身体造成伤害。

　　电离辐射的剂量可以通过仪器测定，对现场观察员进行辐射剂量检测是很重要的保护措施。

生活中的辐射

在以下这些日常活动中，人们也会接触到辐射。不过不用担心，这些日常活动中的辐射不会对人体造成伤害。

电磁辐射和电离辐射的区别

电磁辐射指电场和磁场发生变化时产生的能量，通俗名称为电磁波。高能量（高频率）电磁辐射被称为电离辐射。电离辐射是一种可以把物质电离的辐射，能让电子离开原子。大量原子失去电子后，它们组成的分子结构，如人体的 DNA 结构就会被破坏。电离辐射包括高能电磁波，以及 α 射线、β 射线中子等高能粒子流。电磁波的频率越高，能量越强，电离能力也就越强，因此电离辐射对生物是危险的。

电磁波中，与 X 射线相比波长较长的电磁波，由于其能量低，不能引起物质的电离，也被称为非电离辐射，如可见光、红外线、微波和无线电波等电离能力较弱的电磁波。

放射性诊疗

放射性诊疗室建造完毕后，会经过严格的安全审核。即使是在诊疗室内工作的医生，受照剂量也能控制在国家标准以内。

食用辐照过的食品

对食品进行辐照，有抑制发芽、延迟或促进成熟、杀虫、灭菌和防腐等效果。辐照加工时，辐射剂量会受到严格控制，被辐照过的物品中不会有射线残留，也不会产生新的放射性物质。

乘坐高铁

高铁的高压电力设备放射出的电场和磁场是"极低频电磁辐射"，属于非电离辐射，所以乘坐高铁不会有辐射危险。

通信基站

通信基站天线发射的电磁波能量主要是向四周传播的，基站所在楼受到的电磁辐射量很小。而且，基站发射的电磁波衰减得很快，经电磁辐射检测合格的基站，对周围居民产生的电磁影响是可控的。

安全检查

安检机四面都用一定厚度的铅帘进行防护，有效降低了机器外部的辐射剂量。但千万不要把手伸进安检机的防护铅帘内。

一切都如往常一样平稳地运转着。突然，主控室的何叔叔大声喊道："报告值长，反应堆**功率下降**！"

出现紧急情况！

反应堆功率指的是核反应堆在单位时间内释放能量的大小。核电厂需要严格控制反应堆功率，使其维持在恒定值。无论功率异常升高或下降，都会导致不良后果，最严重的是堆芯熔毁。

"反应堆功率下降"的报告，让所有人的心都揪了起来。值长牛叔叔是今晚这个运行班组的"头儿"，眼下，需要他来定夺一个解决方案。

　　造成反应堆功率下降的原因可能是燃料烧损、冷却剂性能下降等。经过一番检查和分析，牛叔叔将解决方法锁定在控制棒的位置上，很快给出了指示："**手动提升控制棒**！"

21

控制棒是反应堆的指挥棒，能够吸收中子。调节控制棒能改变反应堆中的中子数量，从而**控制裂变反应的速度**——提起控制棒，少吸走些中子，裂变速度就会加快；将控制棒插入堆芯，则会减慢裂变速度。因此，控制棒的棒位和反应堆的功率息息相关。

核电厂正常运行时，控制棒能够自动调节棒位；但在特殊情况下，操作员需要通过操纵控制器来手动调节棒位。

调节控制棒这项工作非常重要，不能有任

启动控制器

控制棒

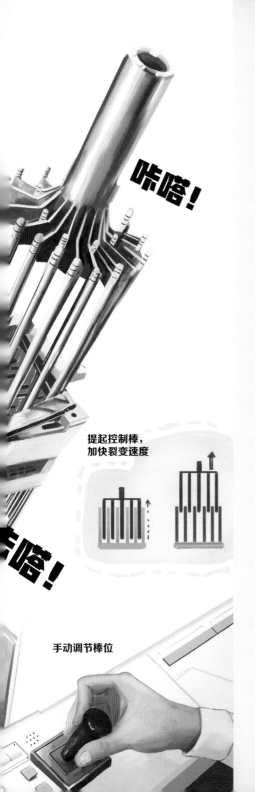

咔嗒！

提起控制棒，
加快裂变速度

手动调节棒位

何差池。为了避免人为失误，控制器需要插入钥匙才能启动。牛叔叔下达指令后，何叔叔立刻拿出钥匙，把它插入控制器，开始操纵控制器上的摇杆。

咔嗒，咔嗒……控制棒一点点从堆芯中升起，屏幕上代表核反应功率的数值也跟着稳步上升，反应堆中的核反应恢复了活力！等到数值恢复正常，控制棒也稳稳地停了下来。在场的运行人员都长舒了一口气。一场危机在操作员们沉着冷静的处理下得以完美解决！

危机解除了，大家又恢复了正常工作。

现场操作员全叔叔带上"装备"，准备去二回路厂房给管道做"体检"。

核电厂的自动调节系统就像不倒翁一样，一旦核反应堆的功率偏离正常水平，就会自动调节回来，因此反应堆功率变化的情况并不经常发生。但操作员们依然要绷紧神经，时刻准备着处理一切可能发生的异常情况。

　　那么，核电厂究竟是否安全呢？核电厂会像原子弹一样爆炸吗？

　　说起这个话题，很多人的脑海中一定浮现出了几起轰动世界的核电厂事故。

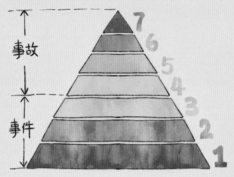

国际核与辐射事件分级表（INES）

1979 年 三哩岛核事故

1979 年 3 月，美国宾夕法尼亚州三哩岛核电厂发生了部分堆芯熔毁的事故。最终，该核电厂有 2/3 的堆芯严重损坏，反应堆也陷入了瘫痪。

事故原因

设计缺陷导致反应堆堆芯失水；操作失误。

事故分级

第 5 级

事故影响

三哩岛核事故没有对公众造成任何辐射伤害，对环境的影响也很小。

1986 年 切尔诺贝利事故

1986 年 4 月，苏联的切尔诺贝利核电厂第四号反应堆发生了爆炸，反应堆的顶部裂开，大量高能辐射物质释放到了大气层。

事故原因

反应堆工作人员操作不当；反应堆堆芯和控制保护系统设计存在缺陷。

事故分级

第 7 级（这是首例被评为第 7 级的核事故）

事故影响

切尔诺贝利核事故致使数百名工作人员患上了急性放射病，造成多人死亡，核电厂周围约 3 万平方千米的土地受到了不同程度的污染。

2011 年 福岛核事故

2011 年 3 月，日本发生 9.0 级地震，地震又引起了海啸，海水涌入使福岛核电厂中包括应急电源在内的所有交、直流供电系统全部损坏，导致冷却系统无法工作。虽然当时福岛核电厂的反应堆保护系统已经发挥作用，反应堆已自动停堆，但反应堆内聚集的大量热能无法及时排出。高温使核燃料包覆材料中的锆合金和水发生反应，产生了氢气，最终引起了氢气爆炸。

事故原因

地震引起海啸；日本政府及东京电力公司没有及时采取措施恢复电力，缺乏足够的防灾准备。

事故分级

第 7 级

事故影响

福岛核事故没有直接造成人员伤亡，但释放了大量放射性物质，造成了巨大的影响。

核事故或事件分级

国际社会从人和环境、设施的放射性屏障和控制、纵深防御三个方面对核事故或事件进行了分级，形成了国际核与辐射事件分级表（INES），可以协调一致地向公众公布核事故的严重程度。

国际上每发生一次核事故或核事件，
我国的核电厂都会认真吸取经验教训，
并升级安全措施。

大家不必担心，这样的核事故都是很罕见的，核电厂也不会像原子弹一样发生爆炸。

首先，核电厂燃料中铀-235 的浓缩度一般不超过 5%，远低于原子弹燃料中铀-235(或钚-239) 高达 90% 的浓缩度。

其次，原子弹和核电厂的设计完全不同。原子弹是作为武器被设计出来的，是一种不可控的链式裂变装置，在引爆瞬间，推进装置将所有核燃料压缩到一块儿，使几乎所有能量集中在极短的时间内全部爆发。而核反应堆则是一种**人工控制的链式裂变装置**，通过控制棒调节中子数量，从而使核反应像击鼓传花一样连续平缓地进行下去。

再次，核电厂的选址会充分考虑地质、气候、自然灾害、环境保护等因素，避开地震频繁、人口密度高的区域。

最后，我国相当重视核安全，有完整的核应急组织体系、核应急技术支持和核应急救援力量，采用多种多样的监测方法，对核电站情况进行实时监测，更是提出了"纵深防御"的指导思想，为核电站安全设计和运行设下道道防线。即使其中一道防线失效，下一道防线也可以补偿或纠正。

重要的是，核电厂还会采用世界上等级最高的安全标准！为了把射线完全控制在反应堆内，核电站设置了四道安全屏障，每一道都能阻止放射性物质向外扩散。

核燃料芯块是核燃料元件的核心部分，一般为耐高温、耐辐射和耐腐蚀的二氧化铀陶瓷基体。经过烧结、磨光后，这些陶瓷型的芯块能保留98%以上的放射性裂变物质，不会使其逸出。

核燃料包壳是核燃料芯块外的一层包壳，大多采用锆合金材料，是绝对密封的，在长期运行中能很好地将核裂变的产物包裹在其中。

压力容器是一个壁厚 2 厘米的钢质压力容器，和封闭的一回路系统组成一道足可阻挡放射性物质外泄的屏障。

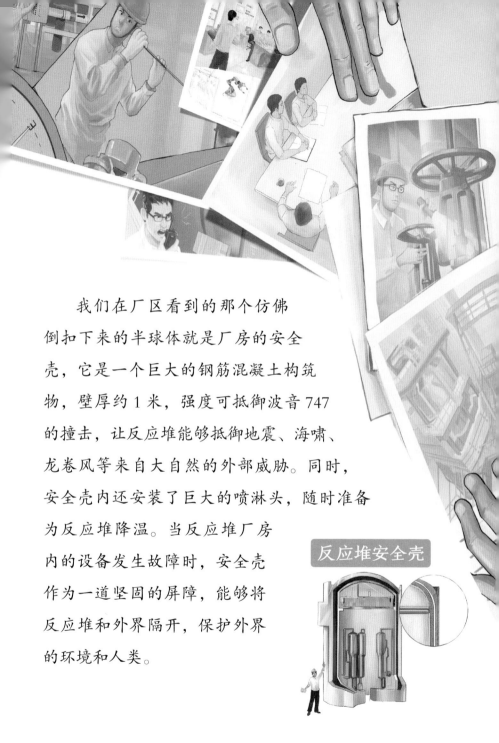

我们在厂区看到的那个仿佛倒扣下来的半球体就是厂房的安全壳，它是一个巨大的钢筋混凝土构筑物，壁厚约 1 米，强度可抵御波音 747 的撞击，让反应堆能够抵御地震、海啸、龙卷风等来自大自然的外部威胁。同时，安全壳内还安装了巨大的喷淋头，随时准备为反应堆降温。当反应堆厂房内的设备发生故障时，安全壳作为一道坚固的屏障，能够将反应堆和外界隔开，保护外界的环境和人类。

反应堆安全壳

当然，最重要的屏障是核电厂内部忙碌的工作人员。他们认真负责、忠于职守的态度，与任劳任怨、甘于奉献的付出，保证了核电厂的正常运行。

天蒙蒙亮了，晚班还未结束，早班运行人员已经提前搭乘班车来到核电厂了。早晚两班运行人员聚在一起召开交班会，晚班运行人员调出运行日志，将前一晚工作中的每一个细节都一一告知早班运行人员。

结束了紧张的工作，晚班运行班组的叔叔们走出厂房。海边的核电厂被朝阳镶上了一道金边。远处的大海波光闪闪，海鸥"哇——哇——"的声音此起彼伏，成群的白鹭正悠然地展翅翱翔，核电站安静地伫立于此，与万物共生。

核动力潜艇，出击！

你可能会问，为什么我们要使用核能呢？

首先，核能是一种可贵的清洁能源。

截至 2023 年年底，中国大陆运行中的核电机组有 55 台，横跨 8 个沿海省份，2023 年累计发电 4333.71 亿千瓦时。相比火力发电，核能发电不释放二氧化碳，同等发电量下减少的碳排放量相当于种植了接近 180 亿棵树，对环境保护做出了卓越的贡献！

此外，核能更是一种很高效的能源！它的能量密度高于煤、石油和天然气，且产生的废料很少。除了为万家灯火而发光发热，核能还在很多地方大放光彩。

在这个夜晚，核能正在一个你意想不到的地方发挥着它的作用。

这天深夜，只听见浪花拍打着海岸，一排舰艇停靠在海军基地，看不出丝毫异常……

　　突然，一声警笛打破了黑夜的宁静，一场军事演习正式开始。战士们迅速穿戴好装备，冲出了军营。他们冲到一艘潜艇前，顺着楼梯爬上"龟背"，依次纵身一跃。"1、2、3……"总共100名队员跳进了潜艇。

　　随着螺旋桨开始转动，潜艇像鲸鱼一般无声地游向大海。

这可不是一艘普通的潜艇，而是一艘军用核动力潜艇。

　　它通体漆黑，比常规潜艇大得多，足足长达 110 米！核动力潜艇的功率大，续航能力强，执行战略任务的核潜艇携带的武器也多，所以军用核潜艇的体形比常规潜艇大得多，吨位也大得多。它的身形类似水滴，头部圆钝，艇身从中部开始逐渐收缩变细，而尾

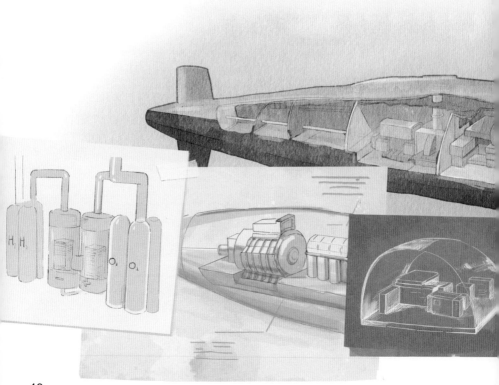

部呈尖尾状。艇身各处都呈曲线，几乎没有平直的地方。水滴形潜艇的优点是水下阻力小，有利于高速航行机动。

对了，因为这是一艘核潜艇，所以在配备的士兵里，还有专门为核动力装置服务的反应堆兵和放射剂量监测兵呢！他们就在刚才跳入潜艇的队员里。

"开始下潜！"

随着艇长的一声令下，核潜艇一边前行，一边开始下潜，渐渐消失在海面上。很快，海面就恢复了平静，夜幕下似乎什么也不曾发生。

20米、40米……核潜艇越潜越深，当潜入水下80米时，便不再下潜。和"蛟龙"号相似，核潜艇用到的也是浮力和重力相平衡的原理，通过调节水舱的水量来控制潜艇的潜行深度。水舱排水，自重减少，核潜艇便上浮；水舱注水，自重增加，核潜艇便下沉。

核动力潜艇是以核能为推进动力的潜艇。在潜艇的运行中，核反应堆将产生的源源不断的能量供给这个庞大的家伙。

核潜艇的动力装置同样利用**可控链式核裂变反应原理**，不需要氧气参与反应。它由核反应堆、蒸汽发生器、循环泵、汽轮机、变速箱和螺旋桨等部件组成。核反应堆释放核能，产生极高的热量，热量传递至蒸汽发生器，加热蒸汽发生器中的水，形成高温高压的蒸汽，蒸汽流推动汽轮机的叶片运转，带动螺旋桨旋转，推动核潜艇潜行。

核潜艇所用的核燃料通常被制作成二氧化铀小球，这些小球被压制成细小的圆柱体，装入锆合金制成的金属管中。虽然核燃料的浓度很低，但核裂变会产生巨大能量，所以在核潜艇上使用的燃料组件也无须占用过多的空间。

核潜艇沿着特定航线下潜并驶入预定海域。从今天开始，它要完成为期40天的军事演习。

这里的一夜可要比核电站的一夜长得多！在40天里，艇员们将始终在伸手不见五指的水下潜行，不能探出水面。

由于水下没有阳光，在核潜艇中无法判断白天黑夜，艇上的时钟表盘刻度不再以12小时为一圈，而是以24小时为一圈。艇上的24小时不分昼夜，被划分为3个8小时，分别用来训练演习、生活娱乐、睡觉休息。

长期的航行不仅要求艇员们有超人的意志力和精神力，更要求他们充分了解核潜艇，掌握相关技能。登上核潜艇前，他们需要跟着专家和工人学习操作核动力设备的技术，掌握核动力相关的知识。核动力相关知识涉及核物理、高等数学、流体力学、化学、电子学等30多门学科，以及上万台（套）设备的操作系统。同核电站的工作人员一样，核潜艇的工作人员也都特别厉害！

　　很多人一定会有疑问：核潜艇真的能在水下潜行这么长时间吗？

　　这就要说说核潜艇的第一个优点了——**自持力极长**。

　　众所周知，在长时间的海下航行中，氧气是非常宝贵的。核潜艇采用电解水制氧装置，它的基本原理是用电离分解法把水分解为氢气和氧气。氧气通过通风换气系统被输送到舱内的每个角落，供人员呼吸，而氢气则被储存在氢气罐里，择机排出潜艇外。常规潜艇则无法使用电解水制氧装置。常规潜艇的动力主要来源于电池，一旦电量耗尽就要浮出水面充电，电能也很宝贵。这样一来，常规潜艇只能使用氧气瓶等设备。由于能够携带的氧气瓶数量有限，必须节约用

氧。常规潜艇受制于电能和氧气量，最多只能在水下潜行十几天，在战场上根本无法进行远距离作战。

核动力装置在工作时不需要氧气，核反应产生的电能源源不绝，可以保证电解水制氧装置持续供给氧气，在海下航行几十天根本不在话下！中国核潜艇曾创下水下长航 90 天的世界纪录！

核潜艇继续潜行。正在此时，一个庞然大物慢慢逼近。难道有敌情？

　　哦，不！通过声呐噪声比对，声呐兵判断，这个庞然大物是一头鲸鱼！鲸鱼发出一声震撼的鲸啸后扬长而去。

　　之所以能与如此美丽的生物相遇，是因为核潜艇的另一个优点——噪声小。在水下航行时，核潜艇的声音比普通潜艇小，和海浪声融为一体，很难被发现。

　　虚惊一场！战士们告别这头大鲸鱼，又向下一个目的地驶去。

知识锦囊

声呐

声呐是英文缩写 sonar 的中文音译，其全称为 sound navigation and ranging（声音导航和测距），是一种利用声波在水下的传播特性，通过电声转换和信息处理完成水下探测和通信任务的电子设备。核潜艇的声呐分为主动声呐和被动声呐，区别在于声呐系统主动发射声波，还是被动接收目标发出的声波。

接下来，核潜艇就要迎来下一个挑战——**水下深潜**了！

经过 25 天的海下潜航，战士们终于到达了目标海域，艇长指挥艇员一点点下潜！

"下潜 100 米，下潜 200 米，一切正常……"

然而，当潜艇下潜到 230 米时，巨大的水压压迫艇体发出"咔嗒咔嗒"的响声，艇舱内的气氛顿时紧张起来。

"继续下潜！"艇长沉着地发出指令。当核潜艇最终下潜到 300 米时，根据艇员的汇报，各舱水密情况良好。

核潜艇越潜越深，到达 500 米时，核潜艇依旧没有异样。艇长经过确认后长舒了一口气，大声宣布："达到课目设定的深度！"战士们悬着的心这才放了下来。

潜艇被称为"水下幽灵"，**隐蔽性**是潜艇最重要的特性。

为了躲避水下雷达的追踪探测，核潜艇通常会在海下深潜。随着下潜的深度逐渐增加，艇身承受的压力也会逐渐加大，这是普通潜艇难以承受的。

核潜艇采用核动力装置和电解水制氧装置，在理论上几乎可以"永动"续航，这对于深潜来说是十分重要的前提。

另外，就是看核潜艇艇身采用的材料了。为了找到结实耐用的耐压壳体材料，各国都在材料的研发上下了大功夫，所用材料也历经了从钢材到钛合金材料的一步步演化。

值得一提的是，这艘核潜艇还采用双壳体结构！也就是说，在内层壳体外边又加装了一层外壳体。外壳体并不耐压力，只有内部的壳结构承受压力，这一点其实和单壳体结构相同。但是双壳体结构依然有着储备浮力高、抗沉性好等种种优点。

　　经过几天的深潜，核潜艇终于带着战士们来到了目标海域。

　　能够这么快就来到目标海域，离不开核动力潜艇的又一大优点——航速快。

　　常规潜艇的最高航速通常只能达到 20 节，不过要是持续以这个速度航行，不出两小时就会耗光电量。所以，常规潜艇更多的时候仅以 5 节的航速缓慢潜行。而核潜艇航速普遍都在 25 节以上。

　　在这里，战士们即将发出"终极一击"，向最后一个演习课目"水下发射战略导弹"发起挑战。为了做好准备，核潜艇放慢了潜行速度，并开始缓缓上浮。当它以 2 节的速度航行在几十米深的水下时，一切准备就绪……

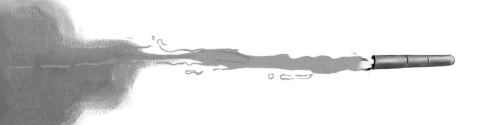

　　这时，声呐发现位于核潜艇32°方位的海面上出现了一个可疑目标噪声。

　　难道是敌方舰艇已经就位？核潜艇迅速调整潜行深度，将一颗鱼雷稳稳地发射出去。

　　"砰——"

　　常规潜艇受制于动力系统，艇身最大仅能达到80米长，再加上要携带氧气瓶等物资，内部空间非常狭小，只能装备战术武器。而核潜艇背如鲸鱼，肚里藏"金"，能够装载鱼雷、巡航导弹，甚至战略导弹，这些武器直接从海里发射，具备二次核打击能力，让敌人闻风丧胆。

　　随着一声闷响，鱼雷成功击中目标！

　　"目标已击沉！"

　　潜望镜观察员立刻发回报告。

但这还没有结束。

只见艇长通过显示屏查看发射舱、动力舱等关键舱室的状态，确认无误后，他拿起了有线对讲机，再次发出指令：

"发射！"

这次发射的可不是鱼雷，而是更厉害的家伙！

　　指挥舱里，大家屏住呼吸，只能听到"嘀嗒，嘀嗒"的仪器蜂鸣。装载在发射筒里的弹道导弹在压缩气体的作用下被推出核潜艇武器舱。经历 180 秒的漫长等待，弹道导弹以 45° 角跃出海面。

导弹出水了！

　　导弹出水还不算真正的成功。弹道导弹冲出海面，尾部的固体火箭发动机点火启动，推动导弹腾空而起，直冲大气层而去。接着，多级火箭相继点火，将导弹推进轨道，在大气层外以每小时上万千米的飞行速度直奔目标而去。

"砰——砰——砰——砰——"

导弹的弹头与弹体分离，高速再入大气层，多枚弹头精准打击目标区域。**终极挑战成功**!

核潜艇上爆发出一阵欢呼!

　　完成了终极挑战，战士们潜行深海的日子还将继续。他们将继续执行最初的任务——**水下长航**。

　　核潜艇再次默默潜入海面下。在我们看不到的波涛之中，在没有一丝光的深海之中，它一直在保护着我们。

神秘的核实验室

怎么样，核能是不是特别厉害？核能可以在生活中为我们带来光和热，也能在军事领域发挥巨大的能量。除此之外，其实它还有着各种各样的用途，不如我们一起来看看吧！

在我国西南腹地，大山深处，有这样一间神奇的实验室——核技术应用实验室，年轻的科研工作者们在这里潜心钻研"**原子变魔术**"的秘密。

　　紧邻着核实验室，坐落着一座核反应堆，又叫作"研究堆"。元素在反应堆中转变为人们需要的同位素，在实验室完成提取分离后，被制成便于运输的固体、溶液或粉末，再运往各处发挥作用。

什么是**同位素**呢？

我们之前已经了解了原子，它由质子、中子和电子构成。当同一种元素中不同原子的质子数相同而中子数不同时，这几个原子就互为同位素。同位素就像一个元素家族的兄弟姐妹，虽然原子序数相同，但脾气性格大不相同。

比如自然界中非常常见的碳元素，在大气、地壳、生物中都能看到它的身影，碳元素的同位素多达15种，大名鼎鼎的碳-14就是其中之一。考古学家可以通过检测碳-14的残留量推测文物、化石的年代信息。在体检时做幽门螺杆菌测试来检测肠胃疾病时，用到的也是碳-14制成的气体。

我们不仅能找到天然存在的碳-14，现在还能在核实验室里提取这种神通广大的同位素！

知识锦囊

碳-14年代测定法

有机体存活时能自然吸收空气中的碳-14。死亡后，它们就不再吸收碳-14了，碳-14在机体内的总量不会再变化。经过漫长的岁月，碳-14会自然衰变。当有机体化石出土时，考古学家通过检测碳-14的残留量，就能知道有机体生存的年代和历史信息。这就是碳-14年代测定法。

我们用来提取碳-14的原料是氮化铝。

科研人员将这块灰白色的金属块焊接封装后送往核反应堆。

内靶管

反应堆

氮-14和碳-14的相互转换在自然环境中也能实现，但是这个过程非常缓慢，核反应堆的中子可以大大加快这个过程的速度。转化后，氮化铝就变为了碳化铝。

知识锦囊

靶件

靶件是研究人员们做实验的材料通常被放置在实验装置中，用来接收高能粒子束或其他形式的辐射。

内靶管

内靶管是一种特殊的容器，耐辐射、耐腐蚀，通常用于核物理或其他有放射性的实验中。研究人员们会把想研究的物质放进这个容器，确保实验可以在高放射性环境中稳定地进行。

从反应堆运出的碳化铝靶件来到了"热室"。从内靶管中切割取出碳化铝后，科研人员将碳化铝转移进屏蔽工作箱。通过加热屏蔽工作箱，游离碳产生，当鼓入氧气后，游离的碳-14和氧气结合生成二氧化碳。这一步骤让碳元素从碳化铝中脱离出来，固定在二氧化碳气体中。

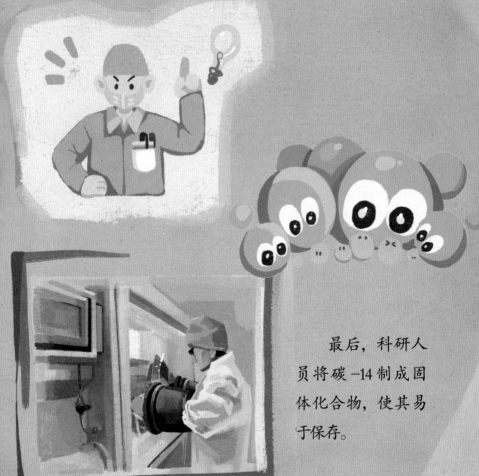

最后，科研人员将碳-14制成固体化合物，使其易于保存。

　　还有一种常驻实验室的元素已被广泛应用在了医疗、工业、农业等行业，它的出现改变了我们的生活。它就是当之无愧的明星同位素——钴-60。

钴-60的制备相对简单。实验室里的研究员把金属钴-59制成靶件，放入反应堆。反应堆堆芯周围分布着许多孔道，钴-59靶件就静静地被安放在孔道中。当堆芯产生的中子"奔向"钴-59并与之结合后，钴-60就产生了。

钴-60被运出反应堆后，科研人员会将钴-60从内靶管中切割下来，制作成放射源，封装在铅罐里，再运输至使用场所。

通过实验研究，科学家发现一些人工同位素可以产生放射性射线，帮助人们治疗疾病。放射性疗法还能大大减少对健康机体的伤害。这就是未来发展的方向——核医疗。

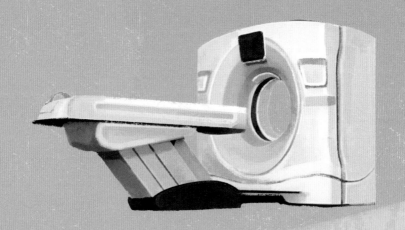

钴-60能够释放γ射线。γ射线的能量很强，作用在物质上的穿透力也很强。利用γ射线的穿透性，我们可以看到人体的局部造影，这就是医学CT（电子计算机断层扫描）的原理。γ射线还被广泛应用在灭菌和检测领域，比如在安检、食品灭菌时，用到的就是γ射线。

知识锦囊

什么是射线？

我们常说这样一句话："能坐着绝不站着，能躺着绝不坐着。"坐比站消耗的能量更少，因此坐着的状态比站着更稳定；而躺着的时候能量消耗最少，是最舒服最稳定的状态，因此我们总是不自觉地去选择躺着的状态。原子的微观世界同样如此。能量越高的元素越不稳定，会自发地向更稳定的状态蜕变，从高能态变为低稳态，在这个过程中就会放出射线。

在实验室叔叔阿姨的不懈努力下，在核反应堆"出生"的同位素被一个个提取出来，又被运往全国各处。它们在各自的舞台上发挥本领，为给人类创造更美好的生活而发光发热。

如今，这些科研工作者们在核技术应用实验室进行的研究已经获得了数以百计的发明专利。一些人工核素不再单纯依赖国外进口。我国核技术应用中许多"卡脖子"的难题得到了解决。

"核"这个字眼，乍一听怪吓人的，但细细想来，它能发电，能考古，还能救死扶伤，简直太神通广大了！

　　迄今为止，科学界最令人着迷的研究主要集中在两个方向：对宏观宇宙的探索，以及对微观世界的剖析。

无论多小的物质都由无数原子构成。原子的数量之多如同宇宙繁星，微小的原子蕴含着惊人的能量。

　　而核能的利用，正来源于对小小的原子的研究。

　　相信讲完这三个关于核能的故事，你也一定对"核"有了更全面、深入的了解，不会再谈"核"色变啦！

　　人类对于能源的开发是无止境的。随着人类对核能的把控力越来越强，核能未来的使用场景会更加广泛。也许核电站会像通信基站一样普遍，也许反应堆会更小型化……相信煤油灯时代的人们看到我们今天的生活，会觉得像看科幻小说一样；而在今天看来不可能的事情，到了未来也将成为现实！